Mohamed Ali Elnur

Flagelos destrutivos do sexo anal

Mohamed Ali Elnur

Flagelos destrutivos do sexo anal

ScienciaScripts

Imprint

Any brand names and product names mentioned in this book are subject to trademark, brand or patent protection and are trademarks or registered trademarks of their respective holders. The use of brand names, product names, common names, trade names, product descriptions etc. even without a particular marking in this work is in no way to be construed to mean that such names may be regarded as unrestricted in respect of trademark and brand protection legislation and could thus be used by anyone.

Cover image: www.ingimage.com

This book is a translation from the original published under ISBN 978-620-2-31335-3.

Publisher:
Sciencia Scripts
is a trademark of
Dodo Books Indian Ocean Ltd. and OmniScriptum S.R.L publishing group

120 High Road, East Finchley, London, N2 9ED, United Kingdom
Str. Armeneasca 28/1, office 1, Chisinau MD-2012, Republic of Moldova, Europe
Printed at: see last page
ISBN: 978-620-7-97329-3

INTRA-ESTRUTURAÇÃO:
A propensão para as relações entre pessoas do mesmo sexo tem variado ao longo do tempo e em diferentes locais, desde o envolvimento total até à integração casual, e a aceitação social da prática tem variado desde o pecado dos menores até à proibição pela aplicação da lei, que, como mostram os estudos etnográficos, pode incluir a pena de morte. No Islão e no Cristianismo, a sodomia era considerada uma violação das leis divinas. Vários pensadores aceitaram a prática ou consideraram-na uma prática contra a natureza.

As práticas homossexuais em que o sexo anal é prejudicial à saúde humana não têm sido abordadas com a profundidade que merecem, apesar de estarem legalmente definidas e protegidas em algumas sociedades modernas.

A tarefa do investigador médico consiste em avaliar o impacto na saúde dos indivíduos e da sociedade. Tal como a deteção dos danos causados pelo tabagismo, pelo consumo excessivo de álcool e de drogas.

O Dr. Nur, na sua qualidade de investigador médico, considera necessário tocar os intocáveis nas sociedades seculares para expor os perigos das práticas de sexo anal em benefício dos interessados. Os defensores sociais ou os médicos estão particularmente adaptados a esta versão.

Prof. Osman Mansour Osman

PREÂMBULO

O períneo estende-se desde o arco púbico até ao ânus. Está rodeado pelas nádegas e oferece proteção contra possíveis lesões. Esta parte do nosso corpo humano assemelha-se a um potencial vale que alberga peças valiosas.

O sexo anal tornou-se um fenómeno global e a pornografia exacerbou este dilema através do fácil acesso à pornografia. Este artigo identifica o conceito de sexo anal - a sua definição e implicações para um grupo específico do nosso zoo humano.

Os órgãos sexuais anais e orais são vistos como novas possibilidades de atividade sexual. É muito difícil ignorar as funções fisiológicas dos nossos orifícios naturais, que atribuem um papel novo e anormal a estes orifícios silenciosos.

Esta obra já não se preocupa em monitorizar a dinâmica do coito anal, mas destaca cuidadosamente as consequências dos flagelos e doenças que podem resultar desse comportamento imundo. A obra é também dedicada a servir de guia de acompanhamento para que os jovens adquiram uma base sólida para compreender a prática.

O sexo anal é visto por algumas pessoas como um entretenimento clássico para crianças e adolescentes, mas para as mulheres mais velhas é mais uma fantasia. As raparigas adolescentes gostam de o fazer para evitar as consequências graves do sexo vaginal na mais tenra idade e, acima de tudo, para evitar engravidar... (meio simples de contraceção).

O sexo anal é um exercício insanamente exorbitante e ultrajante. O odor vil do skatole e do indole não poderia ser tolerado num ambiente normal. Para além dos direitos humanos, o sexo anal continua a ser uma atividade vergonhosa. Destrói a abertura anal e predispõe a muitos problemas de saúde.

Muitas pessoas têm relutância e são demasiado tímidas para recolher as suas próprias amostras de fezes, que são necessárias para os testes laboratoriais para fazer o diagnóstico necessário. Esta hesitação pode dever-se ao apoio da potência masculina

O abuso de crianças é uma mutilação e difamação da infância, e o resultado é chocante. As propensões sexuais individuais são dificilmente avaliáveis, pelo que não foi possível chegar a um critério específico para este domínio, e é provável que os direitos humanos continuem a ser a parte mais forte do bastão. Os flagelos resultantes do sexo anal devem ser cuidadosamente compreendidos, a fim de criar um ambiente adequado para melhorar o comportamento moral e sexual dos adolescentes.

No seu artigo intitulado "The Negative Health Effects of Homosexuality" (Os efeitos negativos da homossexualidade na saúde), Timothy J. Dailey escreve

O sexo anal é considerado equivalente ao sexo heterossexual. As DST indicam que os homossexuais correm um risco elevado de contrair várias doenças. É de notar que a instabilidade e a promiscuidade são caraterísticas das relações homossexuais e aumentam a incidência de DST. A proporção de homossexuais que afirmaram ter praticado sexo anal aumentou de 57,6% para 61,2%, enquanto a proporção dos que usaram preservativo diminuiu de 69,6% para 60%. E é evidente que a proporção de parceiros sexuais múltiplos está a aumentar.

Os homossexuais e bissexuais que têm SIDA continuam a ter relações sexuais sem proteção. Os homossexuais mais jovens praticam níveis elevados de atividade sexual de risco e o homossexual masculino médio tem centenas de parceiros sexuais ao longo da sua vida, pelo que o número de parceiros sexuais está a aumentar. É de notar que poucas relações homossexuais duram mais de 2 anos, sendo que muitos homens referem centenas de parceiros ao longo da vida.

A maioria das mulheres que têm relações sexuais com mulheres também já teve relações sexuais com homens. As mulheres lésbicas consomem álcool com mais frequência e em maior quantidade do que as mulheres heterossexuais. As lésbicas referiram agressões verbais por parte dos seus parceiros íntimos, tendo também sido registadas agressões físicas. As relações entre gays e lésbicas são muito mais violentas do que as relações entre famílias tradicionalmente casadas, e a depressão mental e a tristeza são comuns entre lésbicas e gays. Existe um risco de problemas de saúde mental e de tentativas de suicídio entre estes grupos, que têm uma esperança de vida significativamente mais baixa. (esperança de vida reduzida).

O comportamento homossexual é uma prova dos riscos de vida graves e perigosos associados ao estilo de vida homossexual. O sexo anal está associado a uma variedade de doenças sexualmente transmissíveis bacterianas e parasitárias, incluindo a SIDA.

A educação sexual é a melhor forma de reduzir estes graves efeitos nas comunidades de todo o mundo. Todas as formas de abuso sexual de crianças - violação e sedução - devem ser condenadas para que estas pequenas e belas coisas possam desenvolver-se sem problemas e ter um futuro profissional claro.

FÁBRICA ANORECTAL
A CAVIDADE PÉLVICA :
A cavidade pélvica pode ser descrita como a área entre a entrada pélvica e a saída pélvica. É dividida em cavidade pélvica e períneo pelo diafragma pélvico. O cólon sigmoide tem 10-15 polegadas de comprimento e é uma continuação do cólon descendente anterior à borda pélvica e passa por baixo desta para o reto, que tem cerca de 5 polegadas de comprimento e se funde no canal anal.

O cólon sigmoide tem 10-15in. É uma continuação do cólon descendente anterior à borda pélvica e passa por baixo desta para o reto, que tem cerca de 5 polegadas de comprimento e se funde no canal anal. Os músculos do reto estão dispostos em camadas longitudinais externas e circulares internas. A membrana mucosa do reto forma três pregas permanentes com os músculos anelares.

O sangue é fornecido pelas artérias do reto superior, médio e inferior, e as veias correspondem às artérias. Os vasos linfáticos do reto drenam para os nódulos pararrectais. O suprimento nervoso é fornecido por nervos simpáticos e parassimpáticos do plexo hipogástrico inferior.(20) p348-354.
O PERÍNEO:
É a área em forma de diamante delimitada internamente pela sínfise púbica. O canal anal tem cerca de 1,5 polegadas de comprimento e vai da ampola rectal

para baixo e para trás até ao ânus. Normalmente, as suas paredes laterais são mantidas em posição pelos músculos elevadores do ânus e pelos esfíncteres anais.

A mucosa da metade superior do canal anal é derivada do ectoderma do intestino grosso e tem as seguintes caraterísticas

- Revestido por epitélio colunar.

- Consiste em colunas anais e retalhos anais.

- O fornecimento nervoso é feito através do plexo hipogástrico e o períneo é sensível ao estiramento.

- O fornecimento de sangue arterial é feito através da artéria rectal superior e o fluxo venoso é feito através da veia rectal superior.

- A drenagem linfática é efectuada nos nódulos mesentéricos pararretais e inferiores.

A mucosa da metade inferior do canal anal é derivada do ectoderma do proctídeo e tem as seguintes caraterísticas

1. É revestido por epitélio escamoso estratificado que se encontra com o epitélio perianal do ânus.
2. Sem fissuras anais.
3. Fornecimento nervoso através dos nervos somáticos rectais inferiores.
4. O fornecimento de sangue é feito através da artéria rectal e a drenagem venosa através da veia rectal inferior.
5. A drenagem linfática é efectuada nos gânglios inguinais.

Os músculos são constituídos por camadas longitudinais exteriores e circulares interiores de músculo liso(20)p348.

ANALSPHINKTER:

Existem 2 esfíncteres - o esfíncter interno involuntário e o esfíncter externo voluntário. O esfíncter interno é formado por um espessamento dos músculos lisos do músculo anelar na parte superior do canal anal. É rodeado por músculos estriados que formam o esfíncter externo voluntário, que se divide em 3 partes (subcutânea, superficial e profunda).

As fibras tuborrectais dos dois músculos elevadores do ânus ligam-se à parte profunda do esfíncter externo. Estas fibras puxam o reto e o canal anal para a frente num ângulo agudo. Os músculos puborrectais formam um anel pronunciado, conhecido como anel anorrectal.

A fossa isquiorrectal é um espaço em forma de cunha em ambos os lados do canal anal. É preenchida por gordura densa e permite que o canal anal se expanda durante a defecação. O canal anal contém o nervo pudenal, que alimenta os músculos do esfíncter externo e a pele do períneo(20)p350.

MECANISMO DE DEFECAÇÃO:

A hora, o local e a frequência da defecação permanecem um hábito. O ato é precedido por uma onda de peristaltismo no cólon descendente e sigmoide. O reto enche-se de fezes e desperta o desejo de defecar. A pressão intra-abdominal é aumentada - baixando o diafragma, fechando a glote e contraindo os músculos das paredes abdominais anteriores. A pressão sobre o cólon e a onda peristáltica forçam o movimento intestinal para a frente. O tónus dos músculos do esfíncter é agora inibido e as fezes são excretadas através do canal anal.

A mucosa da parte inferior do canal anal é estendida através do ânus em frente à massa fecal. No final, a mucosa é devolvida ao canal anal, que é fechado pela contração tónica do esfíncter anal(20)p354.

FACES HUMANAS: (fezes do latim: faeX-stool)

É o produto residual da ingestão de alimentos, em que as substâncias comestíveis deliciosas são excretadas sob a forma de fezes mal cheirosas... O conteúdo e a consistência variam consoante o tipo de alimentação e o estado de saúde. As fezes normais são constituídas por 75% de água e 25% de sólidos. Os sólidos são constituídos por componentes alimentares não digeríveis - uma quantidade negligenciável de micronutrientes e 20% de colesterol e gorduras -, substâncias orgânicas 10-20% e 2% de proteínas.

As fezes contêm detritos celulares do epitélio descamado e pigmentos biliares da mucosa, bem como leucócitos mortos. A cor das fezes depende do efeito das bactérias sobre a bilirrubina (pigmento biliar) e o odor das fezes é causado por mercaptanos de sulfureto de indol-escatol-hidrogénio e metabolitos bacterianos. As primeiras fezes do recém-nascido são amarelas e são chamadas mecónio devido aos pigmentos biliares.

Cores morfológicas das fezes:

A cor das fezes varia de pessoa para pessoa, consoante a sua alimentação e o seu estado de saúde.

Castanho: As fezes humanas normais têm uma cor clara a castanha, que se deve a uma combinação de bílis e bilirrubina. São semi-sólidas e cobertas por uma camada de muco.

Amarela: É causada pelo protozoário Guardia, que provoca diarreia amarela. Outra causa é o síndroma de Gilbert, que se caracteriza por iterícia e hiperbilirrubinemia devido a um excesso de bilirrubina na corrente sanguínea.

Vermelho-preto: A cor é causada pela presença de glóbulos vermelhos que são digeridos no intestino devido a uma hemorragia no trato digestivo superior (úlcera gástrica). A cor é observada nos alimentos, especialmente nas carnes ricas em sangue. Alguns medicamentos e produtos químicos provocam um escurecimento das fezes, por exemplo, o subsalicilato de bismuto e os suplementos minerais. Nas doenças do trato digestivo, as fezes são de cor vermelha viva. O alcoolismo perturba a circulação sanguínea e provoca fezes vermelho-escuras.

Azul: o azul da Prússia, que é utilizado no tratamento de envenenamento por radiação de césio e tálio, pode colorir as fezes de azul.

Verde: é causada pela bílis não processada no trato digestivo.

ODOR:

O odor fisiológico das fezes depende da quantidade de proteínas presentes nos alimentos.

Parte-se do princípio de que o odor das fezes humanas se deve ao seguinte

- Sulfureto de metilo.

- Benzopirrolos voláteis (indol e skatole)

- Sulfureto de hidrogénio (o composto de enxofre volátil mais comum nas fezes)

  Algumas doenças patológicas aumentam o odor das fezes

- Doença celíaca.

- Doença de Crohn.

- Colite ulcerosa

- Pâncreas crónico.

- Fibrose cística.

- Colite pseudomembranosa (Cl. dificile)

- Malabsorção.

- Síndrome do intestino curto.

As tentativas para reduzir o odor das fezes e a flatulência incluem alterações na dieta e suplementos alimentares.

1. Carvão ativado.
2. Subsalicilato de bismuto.
3. Ervas aromáticas.
4. Clorofilina.
5. Acetato de zinco.

TIPOS DE FEZES:

1. Separar os grumos duros, como as nozes, e difíceis de passar.
2. Em forma de salsicha, mas com grumos.
3. Salsicha fina (cobra).
4. Tipo salsicha com fendas.
5. Manchas suaves com bordos bem definidos.
6. Pedaços fofos com bordas desfiadas - uma cadeira mole.
7. Aguado - sem pedaços sólidos - completamente líquido.

Ref. 6-7-8-14-23.

A PARTE DISTAL DA LIMA:
ÓRGÃOS UROGENITAIS MASCULINOS:

No homem, o períneo contém o pénis e os testículos. O pénis tem uma raiz firme e um corpo que se move livremente. A raiz do pénis é constituída por 3 massas de tecido erétil, que são conhecidas por:

1. O bolbo do pénis situa-se na linha média e está ligado ao diafragma urogenital, que se situa transversalmente à uretra e é coberto pela musculatura bulbospongiosa.
2. As cruras direita e esquerda e cada crus estão ligadas ao lado do arco púbico e são cobertas pelos músculos isquiocavernosos.

O bolbo continua no corpo do pénis e forma o corpo espinhoso. As duas cruras formam o corpo cavernoso do pénis.

O corpo do pénis contém 3 corpos cavernosos cilíndricos, que são envolvidos pela fáscia de Bucks. Os músculos erécteis são constituídos por 2 corpos cavernosos e um único corpo esponjoso, como na superfície ventral. Na extremidade distal, o corpo esponjoso forma a glande do pénis, que contém a abertura da uretra.

O prepúcio é uma prega de pele que cobre a glande do pénis e está ligado à abertura da uretra pelo frénulo. O corpo do pénis contém fáscias profundas que se originam na linha alba e na sínfise púbica e estão ligadas à fáscia do pénis.
Suprimento sanguíneo: A artéria pudenda interna ramifica-se na artéria cavernosa do pénis e no corpo esponjoso, a artéria pulpa, juntamente com a artéria dorsal do pénis. As veias desembocam na veia pudenda interna. A drenagem linfática faz-se através dos gânglios inguinais superficiais e dos gânglios ilíacos internos, e o fornecimento nervoso faz-se através do nervo pudendo e do plexo pélvico.(20)p357.

SCROTUM:
É uma saliência da parte inferior da parede abdominal anterior e contém os testículos, o epidídimo e os cordões espermáticos. A parede do escroto é constituída pelas seguintes camadas:
1. Pele
2. Fáscia superficial e fáscia de Colles.
3. Fáscia externa do esperma.
4. Fáscia cremastérica.
5. Fáscia interna do esperma.
6. Tunica vaginalis - um saco fechado que cobre os testículos.

O sangue é fornecido através de plexos subcutâneos e anastomoses
arteriovenosas, que promovem a perda de calor e servem a termorregulação.
Artérias: artérias pudendas externa e interna.
Veias: acompanham as artérias correspondentes.
Drenagem linfática:
- Parede escrotal: grupo medial de gânglios inguinais superficiais.

- A drenagem linfática dos testículos e do epidídimo ascende no cordão espermático e termina na primeira vértebra lombar (a natureza descendente dos testículos durante o desenvolvimento no canal inguinal).

O suprimento nervoso é fornecido principalmente pelo nervo ilioinguinal - ramos do nervo geniculado femoral - o nervo perineal e o nervo coetâneo posterior(20)359.

A BOLSA PERINEAL SUPERFICIAL DO MACHO:
A bolsa contém estruturas que formam a raiz do pénis - os músculos bulbospongiosum e ischiocavernosus. O bulbospongioso situa-se em ambos os lados da linha média e cobre a base do pénis e a parte posterior do corpo esponjoso. A sua função é esvaziar a uretra da urina residual e do sémen. As fibras anteriores também comprimem a veia dorsal profunda do pénis para contrariar a drenagem venosa dos corpos cavernosos e apoiar a ereção do pénis. Os músculos isquiocavernosos comprimem a crossa do pénis e apoiam a ereção. Os músculos perineais transversos superficiais estão localizados na bolsa perineal superficial

posterior e têm origem no ramo isquiático, que se funde no corpo perineal. Estes músculos fixam o corpo perineal no centro do períneo.

Suprimento nervoso: Nervo pudenal.

O corpo perineal é uma pequena massa de tecido fibroso que está ligada ao diafragma urogenital e suporta a fixação dos músculos do esfíncter externo (bulbospongiosus) e dos músculos perineais transversos superficiais.

O conteúdo da bolsa perineal profunda nos homens é constituído pelos seguintes componentes:-

- Parte da uretra semelhante a uma membrana.

- Esfíncter uretral.

- Glândulas uretrais bulbosas.

- Músculos perineais transversais profundos.

- Vasos pudenais internos.

- Nervos dorsais do pénis.(20)p360.

A ERECÇÃO DO PÉNIS:

A ereção desenvolve-se gradualmente através de estímulos sexuais, por exemplo, imagens, sons, odores e outros estímulos convidativos, bem como o contacto direto com o corpo. Estímulos aferentes do sistema nervoso central a partir de impulsos nervosos eferentes que são transmitidos através da medula espinal. Isto leva à vasodilatação das artérias, o que aumenta o fluxo sanguíneo nos corpos cavernosos. Os corpos cavernosos e os corpos esponjosos enchem-se de sangue e expandem-se, comprimindo as veias de drenagem e atrasando a saída de sangue dos corpos cavernosos. O pénis aumenta de tamanho e comprimento e, após a excitação sexual e a ejaculação, ocorre a vasoconstrição das artérias e o pénis volta ao seu estado flácido.(20)p361.

EJACULAÇÃO:

Durante a relação sexual, o ureter externo da glande do pénis é humedecido pela secreção das glândulas bulbouretrais. A fricção da glande do pénis por impulsos nervosos aferentes leva a uma descarga ao longo das fibras nervosas simpáticas para os músculos lisos do canal epididimário e do canal deferente, para a vesícula seminal e para a próstata.

O músculo liso contrai-se e as secreções de espermatozóides da vesícula seminal e da próstata são libertadas para a uretra posterior, sendo este líquido expelido da uretra peniana juntamente com as secreções das glândulas bulbouretrais e das glândulas uretrais penianas. Os músculos do esfíncter da bexiga contraem-se e impedem que os espermatozóides voltem a fluir para a bexiga(20)p361.

URETHRA MASCULINA:

A uretra masculina tem 21 cm de comprimento, estende-se desde a parte posterior da bexiga até ao meato externo da glande do pénis e divide-se em três partes: a uretra prostática, a membranosa e a peniana. A uretra feminina é mais curta do que a masculina e a sua proximidade com o ânus favorece uma forte tendência para infecções anovaginais(20)p361.

TESTES:

São órgãos fixos e móveis situados no escroto. O testículo esquerdo fica mais baixo do que o direito. Ambos os testículos são envolvidos por uma cápsula fibrosa - a túnica alb guinea. O testículo está dividido em lóbulos por septos fibrosos, que contêm tubos somniformes que se abrem numa rede de ductos - a rete testis. A espermatogénese normal ocorre a uma temperatura testicular inferior à do abdómen.

As mulheres que gostam e apreciam o sexo oral acreditam que o sémen, que contém essencialmente frutose para satisfazer as necessidades nutricionais dos espermatozóides, é também um alimento comestível para elas e que a neve negra e o bolo de esperma, em particular, são bastante desejáveis, salvo a possibilidade de faringite e gastroenterite gonocócica?

DOENÇAS E PERTURBAÇÕES:

(obstipação e diarreia)

Muitas doenças podem afetar o funcionamento do intestino e causar anomalias nos movimentos intestinais. A obstipação provoca uma defecação pouco frequente com fezes duras e secas, enquanto a diarreia provoca uma defecação frequente com fezes moles e líquidas. Fezes negras indicam hemorragia no trato gastrointestinal e fezes gordurosas indicam uma infeção do pâncreas ou do intestino delgado.

CUIDADOS COM O CORPO:

O material fecal humano está quase em todo o lado na nossa vida quotidiana, por exemplo, nas maçanetas das portas, nos teclados, nas mesas dos restaurantes e nas canetas partilhadas. A contaminação entre mãos espalha microrganismos e não pode ser ignorada nas nossas actividades.

Ao longo do tempo, diferentes culturas e comunidades desenvolveram práticas de limpeza pessoal após a defecação. Nas sociedades ocidentais e da Ásia Oriental, é utilizado papel higiénico e alguns países europeus utilizam um bidé para uma limpeza adicional.

No Islão, lavar o ânus com água com a mão esquerda faz parte dos ensinamentos islâmicos e a mesma prática existe na Índia. No Reino Unido, é utilizada uma sanita e a limpeza do ânus era uma prática arbitrária deixada à escolha pessoal e às instalações disponíveis. Na Roma antiga, é utilizada uma esponja comum, que é lavada em água salgada após a utilização. No Japão, as varas planas utilizadas na antiguidade são substituídas por dispositivos modernos e sofisticados.

Os componentes alimentares não digeridos, como as sementes, podem passar pelo trato digestivo e germinar quando caem no solo, dando origem a uma nova planta. Este método de dispersão de sementes é comum nos seres humanos e nos animais.

DIARREIA:

São fezes líquidas soltas várias vezes ao dia. Pode ser um sintoma de intoxicação alimentar associado a dor abdominal, náuseas e vómitos. A atividade da água é um requisito básico para a absorção dos alimentos e a função do intestino grosso é reduzir o conteúdo de água nas fezes e dar-lhe uma consistência semi-sólida; uma infeção do intestino grosso prejudica esta propriedade.

VALE DO BÚFALO:

A região glútea ou nádegas é delimitada acima pela crista ilíaca e abaixo pela prega glútea. A região é constituída pelos músculos glúteos e por uma camada espessa de fáscia superficial. O suprimento nervoso é fornecido pelos ramos anterior e posterior dos nervos espinhais nos quartos mediais superior e inferior. A fáscia superficial das nádegas é muito espessa, especialmente nas mulheres, e está intercalada com uma grande quantidade de gordura, o que torna as nádegas salientes.

O sexólogo Alfred K. sugeriu que as nádegas são a principal área de apresentação sexual nos primatas. Os seres humanos e os macacos são as únicas espécies que têm nádegas que suportam principalmente o peso quando estão sentados. As fêmeas têm nádegas redondas e bonitas devido à sua atividade hormonal. Após a puberdade, as nádegas femininas têm tecido adiposo suficiente e marcam as suas curvas, que permanecem sexualmente convidativas. As nádegas grandes reflectem o tamanho da cavidade pélvica, o que favorece a gravidez e a amamentação. A mulher beneficia das suas nádegas grandes. No pensamento ocidental, as nádegas são consideradas desde há séculos como uma zona erógena, pois estão intimamente ligadas aos órgãos reprodutores.

Em muitos países, as nádegas femininas são consideradas um sinal de beleza, e um rabo bonito desperta desejos sexuais. A popularidade das calças de ganga reforçou este conceito.

Female bums play a role in heterosexual eroticism, while male buttocks dominate gay sex. A proximidade do ânus com os órgãos genitais de ambos os sexos é um claro convite sexual. Nos grupos étnicos, o tamanho das nádegas e das coxas laterais varia de pequeno a médio nos asiáticos, enquanto é cheio e muito cheio nos africanos e americanos.

Há canções famosas na cultura popular que abordam a desejabilidade das nádegas: Fat Bottomed Girls (1976) - Thong Song (1999) - My Humps (2005) e Bubble Butts (2013). Estas canções sobre as nádegas femininas tornaram-se conhecidas e populares nos clubes de dança de hip-hop e reggae. As nádegas tornam-se um foco primário de atenção sexual, provocando desejo sexual e permanecendo um local de castigo físico

O PAPEL DAS NÁDEGAS DURANTE O SEXO:

Comentários que merecem atenção e são relevantes para o sexo anal:

- Os antropólogos diriam que faz parte do nosso património genético.
- Uma mulher com um fundo de bexiga suporta a vida do seu feto.
- É indecente?
- Porque os poderosos querem que .seja assim.
- São lindas.

- Evolução: Nádegas maiores são uma indicação de mais depósitos de gordura para os tempos de vacas magras e mais estrogénio, o que sugere que ela pode ser mais fértil.

- E ....porque é que as mulheres também gostam de um bom rabo nos homens.

- O traseiro feminino faz curvas e fica mais sexy em calças de ganga, especialmente em calças de cintura baixa.

- Bem ... Gosto do seu rabo - das suas pernas - da sua cintura - do seu peito - da sua cara - dos seus olhos - dos seus lábios - e do seu sorriso. Gosto de tudo numa mulher. Deus não é fantástico? Ele criou a derradeira obra de arte

- Suave, macio e delicioso.

- Na verdade, gosto mais das virilhas das mulheres. Depois os lábios dela - mas um bom rabo é atraente. Isso faz-me lembrar como seria bom comê-la à canzana?

- Provavelmente devido à sua proximidade com a outra parte da anatomia inferior feminina - ou porque um rabo grande proporciona uma almofada para certas actividades.(Ref.:2-18-21-22- 24)

ESPECTRO DE DOENÇAS:

As doenças são principalmente agentes bacterianos, virais, micóticos e tóxicos e os possíveis agentes de doenças que podem ser transmitidos através da atividade sexual anal ou da contaminação fecal são os seguintes

- Escherichia. Coli.
- Salmonela.
- Shigella.
- Bacteroides.sps.
- Yesinia.
- Campylobacter
- Aeromónico.
- Cândida.
- Cryptosporidium.
- Entamoeba histolytica.
- Hepatite viral infecciosa.
- Síndrome de imunodeficiência adquirida (SIDA)

ESCHERICHIA COLI:

Prelúdio: Uma infeção atual por E. coli na Europa com intervenção política para investigar a origem do agente patogénico.

A E. coli é o agente causador das seguintes doenças

1. Infecções do trato urinário.
2. Diarreia do viajante.
3. Colite hemorrágica.
4. Síndrome hemolítico uraémico.
5. Sépsis.
6. Meningite.

As bactérias são descritas como sendo da forma Gram -ve coli - flora aeróbica comensal. São indicativas de contaminação fecal de fontes de água - água potável e alimentos. As bactérias têm uma variedade de estirpes que vão desde as comensais às estirpes virulentas. São móveis e algumas estirpes são encapsuladas. O melhor crescimento é obtido em meios não selectivos com colónias lisas em 18 horas. Incubação em ágar nutriente. Podem obter-se colónias maiores em ágar MacConky. As bactérias produzem hemólise em ágar sangue e fermentam a lactose para produzir ácido e gás. A E. coli tem uma relação intergénica com a Shigella sps. Presume-se que esta relação desempenha um papel na transferência de resistência aos antibióticos entre os dois agentes patogénicos.

Patogénese:

A E. coli tem uma série de determinantes de virulência - polissacáridos dos antigénios O e K - que protegem o organismo do efeito bactericida do complemento e dos fagócitos na ausência de anticorpos específicos.

INFECÇÕES DO TRACTO URINÁRIO E INFECÇÕES SÉPTICAS:
A E. coli é a causa mais comum de infecções agudas do trato urinário - sepsis do trato urinário - meningite neonatal - septicemia - sepsis de feridas cirúrgicas e abcessos. O agente patogénico tem origem no intestino do doente e a infeção é ascendente.

As mulheres jovens são mais susceptíveis a infecções do trato urinário devido à intensa atividade sexual no início do casamento e à proximidade entre o ânus e a vagina. As infecções são mais comuns nas mulheres do que nos homens porque a sua uretra é mais curta do que a dos homens. A retenção urinária durante a gravidez é um fator predisponente, enquanto nos homens a hiperplasia benigna da próstata é uma causa. Verificou-se também que a citoscopia e a cateterização podem provocar infecções.

LAB. DIAGNÓSTICO:

- As amostras clínicas são coradas com corantes de Gram para exame microscópico.

- Cultura em ágar MacConky.

TRATAMENTO E CONTROLO:

- A E. coli é resistente à benzilpenicilina, mas sensível à ampicilina, às cefalosporinas e às tetraciclinas. O cloroanfenicol e as sulfonamidas são eficazes.(5\a)p246.-(5\b)p267-275.

- As estirpes resistentes são comuns e a transmissão a bactérias intergeneticamente relacionadas (Shigella) é notável.

DIARREIA:

A E. coli causa enterite aguda em animais jovens e no homem, afectando todos os grupos etários nas regiões tropicais. Provoca diarreia do viajante e colite hemorrágica (diarreia com sangue).

4 grupos de estirpes com diferentes mecanismos de patogenicidade causam diarreia:

1. A E. coli enteropatogénica (EPEC) causa enterite pediátrica com uma elevada taxa de mortalidade nos trópicos.
2. As estirpes de E. coli enterotoxigénica (ETEC) produzem enterotoxinas termolábeis e estáveis ao calor e factores de colonização que fixam o organismo às células epiteliais.
3. A E. coli enteroinvasiva (EIEC) causa uma doença que é idêntica à disenteria por Shigella.
4. A E. coli produtora de citotoxina Vera (VTEC), o serogrupo mais comum é a E. coli 0157 em infecções e produz uma toxina semelhante à da Shigella com diarreia aquosa ligeira a formas graves com sangue nas fezes.

2- SALMONELOSE:

A Salmonella é o principal representante das enterobactérias com muitos serotipos, sendo os mais importantes os seguintes -

- Sal. typhi.
- Sal.cholerasuis.
- Sal entteritidis.

As caraterísticas morfológicas deste grupo são: Bastonetes Gram-ve - móveis, exceto Sal gallinarium e Sal pullorum, que são imóveis. São aeróbios e alguns são anaeróbios facultativos. Bioquimicamente são catalase +ve e oxidase -ve. Atacam os açúcares com a formação de gases. Os membros do género parasitam principalmente o intestino delgado dos seres humanos e dos animais.

A estrutura antigénica consiste em antigénios O- (somáticos) e H- (antigénios flagelares), e as estirpes mais virulentas têm um antigénio capsular conhecido como antigénio de virulência (VI).

Os produtos de aves de capoeira (carne e ovos) são uma fonte potencial comum de Sal. A salmonelose manifesta-se por febre, septicemia e gastroenterite. Atualmente, é descrita como uma doença profissional e os veterinários e os talhantes são o grupo-alvo.(5\a)S237-240.(5\b)S252-261.

FEBRE ENTERICA:
É causada pelo Sal typhi e é conhecida como febre tifoide. Também é causada por Sal enteritidis serotipo paratyphi e outros serotipos. A febre entérica é uma doença invasiva com inflamação do intestino 1-3 semanas após a ingestão de alimentos ou bebidas contaminados, afectando o epitélio da mucosa. A infeção regional dos gânglios linfáticos é seguida de bacteriemia e outros órgãos podem ficar infectados, uma vez que as bactérias atacam os macrófagos. A vesícula biliar pode tornar-se um reservatório de infeção (algumas pessoas consomem rúmen de bovino cru que foi tratado com bílis).

A doença caracteriza-se por dores de cabeça, perda de apetite, dores abdominais, estupor (coma), febre persistente e diarreia nas últimas fases da doença. Observa-se um aumento do baço e a proliferação de bactérias na pele pode dar origem a manchas coloridas.

SEPTIKEMIE:
Trata-se de uma doença inflamatória e fatal que progride independentemente dos sintomas intestinais. O agente causador é o Sal chloerasuis, que provoca pneumonia, meningite e osteomielite.

GASTEROENTERITE:
A forma mais comum de salmonelose é causada por qualquer serotipo de Sal. enteritidis. Os sintomas ocorrem 12-24 horas após o consumo de alimentos ou bebidas contaminados e são caracterizados por náuseas, vómitos, cólicas abdominais e diarreia durante 2-7 dias.

DIAGNÓSTICO:
Isolamento e identificação das seguintes Sal sps:

- Sal typhi a partir de sangue e fezes.

- Sal enteritidis a partir das fezes.

- Teste de aglutinação - título elevado.

CONTROLO:

1. A prevalência de Sal enteritidis nos animais torna o controlo mais difícil.
2. Cozedura correta dos alimentos de origem animal.
3. Terapia antibiótica para febre intestinal e septicemia, não necessária para doenças que não sejam gastroenterites graves.
4. A ampicilina atinge a circulação biliar e é o medicamento de eleição.

SHIGELOSE:
As Shigella sps são agentes patogénicos da disenteria bacteriana, que se caracteriza por fezes aquosas com células inflamatórias e sangue. O género inclui os seguintes agentes patogénicos:

- Shigella dysenteriae.

- Shigella sonne

- Shigella flexneri

- Shigella bodyii

A Shigella está intergeneticamente relacionada com a E. coli e a conjugação conduz à troca de material genético e de informação (transdução) e, em particular, à transferência de resistência aos antibióticos.

Estrutura antigénica: A bactéria é imóvel e não possui antigénio flagelar, não produz sulfureto de hidrogénio e não fermenta a lactose.

Os seres humanos são o único reservatório do organismo e a disenteria bacteriana é uma doença aguda causada por membros do género Shigella e está associada a fezes sanguinolentas e mucopurulentas. A doença é transmitida por via oral e fecal, pelo ar e por moscas. O diagnóstico depende do isolamento e da identificação do organismo, e o controlo pode ser conseguido através de uma melhor higiene e do controlo das moscas. Os doentes tratados em hospitais devem receber uma terapia de substituição de electrólitos e fluidos.(5\a)p242.(5\b)p262-266.

CAMPYLOBACTER:

Trata-se de um bastonete gram-like com um único flagelo, e o Campylobacter fetus é um importante agente causador de infecções humanas. O C. spoturum é uma flora indígena do trato urogenital dos animais e causa gastroenterite em crianças, uma infeção semelhante à disenteria que é autolimitada e pode durar vários dias. Provoca bacteriemia que conduz a meningite, endocardite, artrite e infecções do trato urinário, e o tratamento consiste na administração de fluidos e electrólitos.(5\a)S251.(5\b)S290-293.

BACTERÓIDE:

Bactéria intestinal humana anaeróbia obrigatória, Gram - ve.slim, bastonetes imóveis. A Bacteroids fragalis encontra-se em grandes quantidades no intestino grosso humano e constitui 99 % da flora fecal. Existem formas pleomórficas, que vão desde formas cocobacilares a formas ramificadas. As bactérias são isoladas do trato intestinal e da orofaringe de pessoas saudáveis. A bactéria tem uma cápsula com uma importante caraterística de virulência. A bactéria está associada a infecções abaixo do diafragma com outra flora, incluindo uma infeção mista que inclui peritonite pós-operatória, infecções ginecológicas e abcessos pulmão-cérebro.

O Bacteroid melaningenicus causa uma infeção anaeróbia acima do diafragma com formação de abcesso do tecido cutâneo e subcutâneo em órgãos profundos. Laboratório. O diagnóstico depende da morfologia da bactéria.(5\b)p243-245.

BRUCELOSE:

Trata-se de uma infeção por bactérias do género Brucalla, que foi descoberta por um cientista dinamarquês chamado Bruce. É uma zoonose que se transmite de animal para animal e de animal para homem através do contacto com fezes, urina, leite e tecidos infectados contaminados. Os agentes patogénicos mais importantes são o Br abortus e o Br meletensis. Nos animais, a doença caracteriza-se pelo aborto e, nos seres humanos, manifesta-se através de febre, fraqueza, mialgia e o sintoma frequente de febre ondulante. A via de infeção é através de abrasões e as bactérias são transmitidas através do sistema linfático.

Ficheiro de sinopse Brucelose:

- No gado, a brucelose é uma doença da maturidade sexual, cujo principal sintoma é o aborto, mas que também pode ter outras consequências, como a orquite, a epididimite, a retenção da placenta e a esterilidade, o que, por sua vez, tem um impacto económico no gado.

- A brucelose é a zoonose mais difundida e economicamente mais importante do mundo.

- A doença nos seres humanos é aguda com febre, dores de cabeça, dores nas articulações, fadiga e mal-estar e é frequentemente causada por Br. meletensis.

- A doença é mais comum nas comunidades rurais do que nos grupos urbanos, uma vez que a ligação entre os criadores de gado e os seus animais é estreita e o hábito de consumir leite cru faz parte da sua cultura.

- A brucelose pode passar despercebida nos seres humanos, uma vez que os sintomas são muito semelhantes a outras doenças febris.

- A infeção das glândulas mamárias dos seres humanos e dos animais constitui um risco potencial para a saúde pública e as bactérias são excretadas no leite.

- A placenta e o tecido fetal estão infectados nos animais, o que leva ao aborto espontâneo. A placenta dos animais é rica em eritritol, que promove o crescimento de bactérias na placenta animal, levando à inflamação que desencadeia o aborto. Nos seres humanos, a placenta contém uma quantidade negligenciável desta enzima, que não causa aborto em mulheres grávidas.

- Nos seres humanos, o período de incubação é de 1-6 semanas e a doença crónica permanece questionável, uma vez que as bactérias não são isoladas nestes casos.

- O diagnóstico é de extrema importância no controlo da doença e, com os testes serológicos, os resultados falsos-negativos e falsos-positivos são bastante comuns, sendo o procedimento mais informativo uma cultura positiva, mas os testes serológicos são práticos. O crescimento intracelular da bactéria dificulta o tratamento. O controlo depende da monitorização da doença nos animais e do seu controlo, sendo aconselhável aquecer o leite e evitar o seu consumo cru.(5\a)p253.(5\b)p620-638.

Clamídia:

Trata-se de uma uretrite não gonocócica - uma inflamação com corrimento. É uma doença semelhante à gonorreia, transmitida por contacto sexual e causada pela Chlamydia trachomitis - um pequeno organismo que só se desenvolve em tecidos vivos (como os vírus). Trata-se de um parasita humano específico. A doença tem um período de incubação de 1 a 3 semanas, com sintomas semelhantes aos da gonorreia, mas com uma evolução mais ligeira.

Nas mulheres, há um ligeiro corrimento vaginal com inflamação do colo do útero e uma sensação de ardor ao urinar. A doença pode afetar as trompas de Falópio e provocar salpingite. Presume-se que a doença inflamatória pélvica é causada pela clamídia e não pela gonorreia.

Nos homens, a doença caracteriza-se por micção dolorosa com corrimento e formigueiro no pénis. A faringite por clamídia é uma consequência possível do sexo oral. A ftalmia por clamídia ocorre em recém-nascidos de mães infectadas.(5\a)298.(5\b)361-370.

Uretrite ureaplasmática:

Trata-se de uma uretrite não monocócica causada por Ureaplasma urealytica (micoplasma). Os sintomas são uretrite com quantidades variáveis de corrimento e aumento da dor ao urinar. A doença é ligeiramente sintomática e é transmitida através do contacto sexual e as bactérias não são atacadas pela penicilina, uma vez que não têm parede celular.(5\a)301.(5\b)381-385.

CÓLERA:

O quadro clínico caracteriza-se por uma diarreia grave e prolongada, com o doente a perder cerca de um litro de líquido por hora. O líquido é conhecido e descrito como diarreia de água de arroz, e este quadro turvo deve-se principalmente a detritos celulares esfoliados do intestino e a bactérias. O Vibrio cholera é o agente causador da cólera.

O doente sofre de desidratação e apresenta sintomas relacionados com esta codificação, por exemplo, olhos encovados, pele seca e enrugada, cãibras musculares nos braços e nos membros. Os casos não tratados podem levar à morte.

O Vibrio cholera é um organismo gram -ve comatoso que foi isolado pela primeira vez por Robert Koch em 1883 e é transmitido através de alimentos ou bebidas contaminados com fezes.

A doença é pandémica, afecta 35 países e responde à terapêutica com antibióticos e substituição de fluidos, mas quando a enterotoxina é produzida, o tratamento com antibióticos não é eficaz.(5\a)243.(5\b)633-635.

DOENÇAS PARAESTÁTICAS:

AMOEBÍASE:

Trata-se de uma situação cosmopolita em todo o mundo, em que as pessoas malnutridas vivem em condições pouco higiénicas. Estas pessoas são mais susceptíveis a infecções. A doença afecta inicialmente os intestinos e pode propagar-se a outros órgãos.

O agente patogénico é a Endameba histolytica, que se apresenta sob a forma de quistos e entra no corpo através de alimentos ou água contaminados com fezes humanas ou de animais. As amebas trofozoítas invadem a parte distal do intestino delgado e grosso e danificam o tecido, levando à formação de úlceras. Os doentes sentem dores agudas com diarreia. Em casos graves, as fezes adquirem uma cor sanguinolenta. A doença pode propagar-se através da corrente sanguínea para o fígado e os pulmões, onde se podem formar abcessos.(5\a)478.(5\b)580=582.

CRYPTOSPORIDIUM:

A criptosporidiose é uma doença animal bem conhecida, mas recentemente descobriu-se que também afecta os seres humanos. É causada pelo Cryptosporidium parvum. Os doentes sofrem de diarreia grave, que pode levar à desidratação e emaciação e pode ser fatal. O período de incubação é ligeiro e a duração da doença é de 10 dias, mas a diarreia persiste durante 2 meses. A via fecal-oral é a principal via de transmissão e a quimioterapia continua a ser ineficaz.(5\b)p633.

TRICOMONÍASE:

Esta doença é transmitida através do contacto sexual e de agentes infecciosos. É causada por Trichomonas vaginalis, um protozoário com 2 flagelos. O ambiente ácido da vagina é o seu habitat. Alguns factores que favorecem a infeção são os traumatismos, a falta de higiene, os medicamentos e a diabetes. Os métodos mecânicos de contraceção desempenham um certo papel.

Nas mulheres, há comichão e ardor durante a micção e um corrimento branco cremoso e espumoso, enquanto nos homens a doença ocorre na uretra com micção dolorosa e um corrimento ligeiro.(5\a)486.(5\b)582-583.

DOENÇAS VIRAIS:

INFECÇÃO PELO VIH E SIDA.

Em 1981, é observada uma síndrome associada a um enfraquecimento do sistema imunitário e uma entidade clínica é o desenvolvimento de infecções oportunistas e de cancro da pele (sarcoma de Kaposi). Em 1984, o vírus é identificado como VIH - Vírus da Imunodeficiência Humana e é reconhecida a SIDA (Síndrome da Imunodeficiência Adquirida).

O VIH é um vírus de ARN e a célula hospedeira normal é o linfócito T, que faz parte da imunidade mediada por células, na qual as células amadurecem e proliferam para formar uma colónia de linfócitos T citotóxicos que respondem à presença de protozoários, fungos e células infectadas. A infeção pelo VIH provoca uma falha da resposta imunitária e põe em perigo o hospedeiro.

Os sintomas da SIDA são fraqueza geral - febre - diarreia, que se torna crónica após o período de latência - suores noturnos - mal-estar e fadiga. Os doentes com SIDA podem sofrer de perturbações neurológicas, como demência, perda de memória e alterações de humor. Existe uma síndrome de definhamento com diarreia excessiva e perda de
massa muscular e infecções oportunistas, por exemplo, sarcoma de Kaposi, pneumonia por cândida, etc., enquanto a tuberculose pode ser um problema significativo.

A doença pode ser transmitida pelos seguintes factores:
1. Contacto com sangue e sémen contaminados e infectados.
2. O contacto sexual íntimo, por exemplo, o coito anal, é comum e o sangramento facilita a entrada do vírus na corrente sanguínea.
3. Relações sexuais vaginais desprotegidas (uso de preservativo).
4. Utilizadores de injecções conjuntas (toxicodependentes).
5. Transfusão de sangue (dádiva de sangue).
6. Transplacentária (da mãe grávida infetada para o feto).
DIAGNÓSTICO:
1. Teste Elisa para a deteção de anticorpos.
2. Teste de carga viral para a deteção do ARN do VIH.
TRATAMENTO: está disponível e mais de 100 preparações estão atualmente em uso.(5\a)419-423.(5\b)p522-523.

HEPATITE. A:

A infeção por hepatite A (hepatite infecciosa) é transmitida através de alimentos ou bebidas contaminados com fezes. O vírus é resistente a agentes químicos e físicos e é inactivado por fervura durante vários minutos.

O período de incubação é de 2-4 semanas e os primeiros sintomas são anorexia, náuseas, vómitos e febre ligeira. Devido ao aumento do fígado, surge um desconforto no quadrante superior direito do abdómen. A iterícia ocorre após 1-4 semanas, a urina escurece e permanece escura durante várias semanas, sendo frequentes as recaídas. É necessário um longo período de convalescença.

O diagnóstico é feito através de uma prova de função hepática - sintomas clínicos - deteção de anticorpos no soro e o vírus é excretado em grande quantidade nas fezes 2 semanas antes do início dos sintomas; não é necessário tratamento e aconselha-se repouso prolongado. Como vacina, é utilizado um vírus inactivado. (5\a)p405- 407.(5\b)p463-465.

HEPATITE B:

Este tipo de hepatite é causado por um vírus de ADN e é transmitido através do contacto direto ou indireto com fluidos corporais infectados, tais como sangue e sémen, seringas hipodérmicas para consumo de drogas, agulhas de tatuagem, piercings nas orelhas e sangue de acupunctura, objectos e instrumentos contaminados.

A hepatite B é uma doença sexualmente transmissível em que a hemorragia ocorre durante o coito anal, de modo a que o vírus do esperma de uma pessoa infetada possa entrar na corrente sanguínea (tal como acontece com a SIDA) do parceiro recetor.

A evolução clínica é idêntica à da hepatite. Trata-se de uma doença grave com um período de incubação de 4 semanas a 6 meses. A doença caracteriza-se por fadiga, perda de apetite, alterações do paladar, urina escura e fezes cor de barro. A recuperação ocorre 3-4 meses após o início da iterícia e alguns doentes permanecem portadores da doença durante vários meses. Em casos raros, podem ocorrer lesões hepáticas e hepatocarcinoma. O interferão, a imunoglobulina contra a hepatite, a vacina contra a hepatite I para imunização de todos os grupos etários e o pessoal de saúde são meios de controlo.

As doenças bacterianas transmitidas através do contacto sexual pertencem a uma vasta categoria e as doenças mais difundidas são a sífilis e a gonorreia. Historicamente, existiam quatro doenças da varíola na Europa, por exemplo, varicela, varíola bovina, varíola e varíola grossa, agora conhecida como sífilis, e as primeiras epidemias foram registadas no final do século XIV. Em alguns países é conhecida como SAS, que não tem uma origem clara e pode incluir uma forma congénita da doença.(5\a)407-410.(5\b)439-446.

SYPHILIS:

Esta doença é causada pelo Treponema palladium - uma bactéria em forma de espiral - e é transmitida através do contacto e das relações sexuais. A bactéria penetra na pele através das membranas mucosas, feridas, abrasões e folículos pilosos, causando a doença ao longo do tempo. O período de incubação é de 3 semanas. A sífilis primária é a primeira fase e é indolor, com uma úlcera circular com um rebordo elevado e bordos semelhantes a cartilagens. O cancro desenvolve-se no local de entrada nos órgãos genitais, mas outras partes do corpo também podem ser afectadas, por exemplo, a garganta e o reto ou os lábios. Após algumas semanas, o doente desenvolve sífilis secundária, que se caracteriza por sintomas febris e gripais, gânglios linfáticos inchados, erupções cutâneas e queda de cabelo. O envolvimento do fígado pode levar a uma hepatite com iterícia. Os sintomas podem durar várias semanas e o doente pode morrer, mas a maioria dos doentes recupera.

O tipo secundário evolui para a sífilis terciária e afecta a pele, o sistema cardiovascular e o sistema nervoso. A lesão principal é a guama (lesão granulosa, macia e borrachosa), que bloqueia os vasos sanguíneos e leva à degeneração dos tecidos e à paralisia.

A sífilis congénita ocorre quando o organismo penetra na placenta no quarto mês de gravidez e infecta o feto da mãe. É melhor tratada com penicilina.(5\a)p293.(5\b)p347-349.

GONORRHEA:

É a segunda doença mais frequentemente notificada. A incidência está a aumentar drasticamente e os epidemiologistas americanos referiram que 3 a 4 milhões de casos não são notificados, o que pode dever-se ao secretismo e à privacidade dos doentes.

O agente patogénico é a Neisseria gonorrhea, um pequeno organismo díptero gram-ve que recebeu o nome de Albert Neisser (1879) e é conhecido como gonococo. A sua forma é a de um feijão duplo com os lados vizinhos achatados. As bactérias são muito sensíveis e reagem de forma sensível aos anti-sépticos e desinfectantes.

É transmitida através do contacto sexual e o período de incubação é de 2 a 4 dias. Os homens sentem dores abdominais, uma sensação de ardor ao urinar e um corrimento amarelo-creme devido à uretrite, enquanto as mulheres sentem dores pélvicas, salpingite e esterilidade. Não há corrimento e, se houver, é escasso.

Outras formas de gonorreia são a faringite causada pelo sexo oral e que pode levar a gastroenterite e gonococcemia. O sexo anal predispõe à proctite (inflamação do reto)

O diagnóstico baseia-se na identificação do agente patogénico.

Tratamento: As bactérias são sensíveis à penicilina, mas a utilização incorrecta e não autorizada de antibióticos cria estirpes resistentes. Não existe vacina e nenhum cientista que se preze pensaria alguma vez em desenvolver uma preparação imunitária.(5\a)p296.(5\b)243- 248.

GRANULOMA INGUINAL:

Uma doença rara causada por Calymmatobacterium granuloma - uma pequena bactéria gram-ve. A doença começa com um nódulo que evolui para uma úlcera granulosa que sangra facilmente. A lesão encontra-se nos órgãos genitais externos com um inchaço do gânglio linfático inguinal.(5\b)pl57-158.

ANOMALIAS DO ÂNUS E DO CANAL ANAL:

O canal anal começa onde o reto atravessa o diafragma pélvico e termina no sulco anal. O esfíncter interno é uma continuação espessa da bainha muscular circular do reto. O esfíncter anal interno tem 2,5 cm de comprimento e 2-5 mm de espessura. Os espasmos e as contracções dos músculos desempenham um papel importante na formação de fissuras e noutras doenças anais.

O esfíncter externo é um músculo cujas fibras estão ligadas ao cóccix e se inserem na zona médio-perineal nos homens, enquanto nas mulheres se funde com o esfíncter vaginal. O plano interesfincteriano situa-se entre os dois esfíncteres e contém as partes basais de 8-12 glândulas apócrinas que podem causar infecções e permitir a disseminação de pus(25).

ANOMALIAS CONGÉNITAS:

No início da fase embrionária, a cloaca abre-se para o intestino grosso e para os alantóides, que mais tarde se dividem em bexiga e reto.

ANOMALIAS MENORES:

1. Um ânus imperfurado é uma agenesia e atresia do reto e do ânus, e a incidência é de uma em 4500 crianças. A doença divide-se numa forma ligeira e numa forma grave, que são fáceis de diagnosticar e tratar, enquanto a forma grave é difícil de tratar.

2. Ânus coberto: O canal anal está coberto pela pele, com um traço que vai para a frente até à rafe periniana, o que pode ser corrigido através da dilatação do ânus.

3. Ânus ectópico: O ânus está localizado internamente e pode abrir-se para o períneo nos rapazes ou para a vulva nas raparigas.

4. Ânus estenótico: ânus muito pequeno.

ANOMALIAS ELEVADAS:

Estas estão associadas a uma fístula entre o coto rectal cego e a bexiga.

1. Agenesia anorrectal: uma bolsa rectal cega acima do pavimento pélvico com uma fístula.

2. Atresia rectal: O canal anal normal termina cegamente ao nível do pavimento pélvico. Esta condição é rara e pode ser tratada através da mobilização

do reto.
FISSURA ANAL:
É uma úlcera alongada no eixo longitudinal do canal anal inferior na sua linha média posterior e anterior, embora a razão para esta linha média posterior ainda não esteja clara. As possíveis causas podem ser as seguintes:
1. Cirurgia incorrecta das hemorróidas, em que é removida demasiada pele.
2. Doença inflamatória intestinal (doença de Crohn)
3. Doenças sexualmente transmissíveis.

As fissuras anais podem ser agudas ou crónicas. A fissura anal aguda é uma laceração profunda na pele do bordo anal que se estende até ao canal anal, com ligeiro inchaço ou edema e espasmos dos músculos do esfíncter.
Uma fissura anal crónica caracteriza-se por um bordo inflamado e feio. A úlcera tem a forma de um cânus com uma marca edematosa na pele, denominada "pilha sentinela". Em geral, as fissuras são menos dolorosas, sendo os sintomas descritos como movimentos intestinais dolorosos, agudos, agonizantes e intensos, com estrias brilhantes de sangue nas fezes e uma ligeira secreção mucosa e obstipação. A doença ocorre frequentemente em mulheres nos primeiros anos de vida e não é observada em mulheres mais velhas devido à atonia muscular. É comum em crianças e bebés(25).
PAPILA ANAL HIPERTRÓFICA:
Ocorre na linha dentada do ectoderma. As papilas estão presentes em 60% dos doentes e são consideradas uma estrutura normal que pode ser alongada na presença de uma fissura anal. Podem ser uma causa de supuração e estão provavelmente presas pela contração do mecanismo do esfíncter. Observa-se uma papila edematosa vermelha com dor localizada e descarga purulenta da cripta.
PRURITISANI:
Comichão no ânus com hiperqueratose vermelha - pele gretada e húmida. O corrimento torna o ânus húmido e os factores predisponentes são fissuras anais, fístulas, hemorróidas internas e externas. Podem ser incluídas outras condições, como o corrimento vaginal por Trichomonas virginalis e nemátodos parasitas, doenças alérgicas, psoríase, dermatite de contacto e intertrigo em infecções bacterianas mistas. Psiconeuroses, em que as pessoas neuróticas se perdem nas suas queixas, de modo que se desenvolve um complexo de dor-prazer e coçar torna-se um prazer(25).
ABCESSOS ANORRECTAIS:
E. coli, Staphylococcus aureaus, Bacteroides, Streptococcus e Proteus encontram-se no pus em 60% dos casos. Os abcessos são causados por uma infeção das glândulas anais e pela penetração de objectos afiados na parede rectal (traumatismo). Os diabéticos e os doentes com SIDA são muito susceptíveis aos abcessos anorrectais. Os abcessos anorrectais podem estar relacionados com uma fístula em que a terapêutica antibiótica não consegue atingir o conteúdo do abcesso(25).
TIPOS DE FÍSTULAS ANAIS:
2 grupos e suspender a sua abertura interna abaixo do anel anorrectal.

1.   Uma fístula de baixo grau abre-se no canal anal abaixo do anel anorrectal.
2.   Uma fístula de alto grau abre-se no canal anal no anel anorrectal ou acima dele.
Uma fístula de baixo grau pode ser aberta sem receio de incontinência permanente, enquanto uma fístula de alto grau só pode ser tratada por cirurgia. Uma fístula de baixo grau é caracterizada por um corrimento persistente com desconforto irritável e está presente há anos, e quando a abertura é fechada, a dor aumenta até o corrimento rebentar(25).

CARCINOMA DO ÂNUS:
Difere do carcinoma rectal na sua estrutura histológica, comportamento e tipo de tratamento devido à sua acessibilidade, sensibilidade e abundante drenagem linfática. 70 % dos tumores anais localizam-se no canal anal.

HEMORRÓIDES:
A palavra hemorróidas foi utilizada pela primeira vez em inglês em 1398 e deriva do francês antigo (emorroids) e do latim (haemorrhoida-ae). O primeiro relato data de 1700 a.C. O Payrus egípcio preferia as folhas de acácia para o tratamento.

Não existe uma definição exacta para as hemorróidas, sendo provavelmente descritas como massas ou nódulos de tecido no canal anal que contêm vasos sanguíneos. Existem dois tipos de hemorróidas - hemorróidas externas e internas, que podem manifestar-se de forma diferente, mas muitas pessoas podem desenvolver ambos os tipos. A hemorragia ocorre e já não é ameaçadora, e muitas pessoas sentem-se embaraçadas, especialmente nas comunidades rurais dos países em desenvolvimento.

As hemorróidas externas raramente causam complicações, exceto se houver trombose. As hemorróidas trombosadas são muito dolorosas e a dor desaparece em 2-3 dias, o inchaço demora 3 semanas a desaparecer e pode ficar uma marca de pele após a cicatrização. As hemorróidas grandes provocam comichão à volta do ânus.

As hemorróidas internas são indolores e sangram de vermelho vivo após a defecação, com o sangue a cobrir as fezes de cor normal. Os sintomas incluem corrimento mucoso, uma massa perineal que sobressai do ânus, comichão e movimentos intestinais interrompidos, pelo que as hemorróidas internas são dolorosas quando trombeiam ou se tornam necróticas.

As causas não são exatamente conhecidas, mas existem factores predisponentes que se pensa serem devidos a maus hábitos irregulares, falta de exercício, dieta pobre em fibras, aumento da pressão intra-abdominal, factores genéticos, veias hemorroidais defeituosas e senilidade. Outros factores incluem a obesidade, a posição sentada prolongada e a disfunção do pavimento pélvico.

Nas mulheres grávidas, o feto exerce pressão sobre o abdómen, o que aumenta os vasos hemorroidais. O plexo vascular hemorroidário é constituído por 3 almofadas principais no canal anal, que contêm apenas seios e nenhum tecido muscular. Estas almofadas são importantes para a continência do fecho anal em repouso e protegem o músculo esfíncter durante a defecação.

As hemorróidas internas têm origem acima da linha dentada e dividem-se em 4 graus em 1985, consoante o tamanho do prolapso

1. Grau 1: sem prolapso com vasos sanguíneos pronunciados.
2. Grau 2: Prolapso ao sentar-se, mas regressão espontânea.
3. Grau 3: Prolapso ao toque e redução manual necessária.
4. Grau 4: Ocorreu e não pode ser reposicionado manualmente.

As hemorróidas externas ocorrem abaixo da linha dentada ou pectínea e são cobertas por anoderme e pele sensível à dor. Os problemas anorrectais têm sintomas semelhantes e a hemorragia rectal pode dever-se ao cancro do intestino e à colite. As condições que levam a uma massa anal incluem marcas de pele, verrugas anais, prolapso rectal, pólipos e papilas anais aumentadas.

PREVENÇÃO:

- Evitar fazer esforço durante os movimentos intestinais.

- Evitar a obstipação e a diarreia com uma dieta rica em fibras e bebidas com exercício físico.

- Reduzir o seu peso corporal.

O tratamento pode ser efectuado através de agentes tópicos e supositórios, bem como através de procedimentos cirúrgicos. Ref: 4-10-11-16-19.

CÂNCER:

O carcinoma anal é uma doença do ânus que difere do carcinoma colorectal em muitos aspectos, por exemplo, em termos de etiologia, factores predisponentes, evolução clínica e tratamento. Trata-se de um carcinoma típico de células escamosas na zona da junção escamo-colunar, que pode ou não estar queratinizada. Outros tipos de cancro anal incluem o adenocarcinoma, o linfoma, o sarcoma e o melanoma.

Nos EUA, 800-900 pessoas morrem de cancro anal e, em 2002, estimava-se que existiam cerca de 560000 novos casos em todo o mundo, 90% dos quais estavam relacionados com o papilomavírus humano. Os sintomas da doença são os seguintes

- Hemorragia do ânus.

- Desconforto doloroso e comichão na zona do ânus.

- Pequenos nódulos à volta do ânus, que podem ser confundidos com hemorróidas .

- incontinência fecal.

- Corrimento de muco.

- Úlcera à volta do ânus que pode alastrar para a região das nádegas.

FACTORES PREDISPONENTES:

1. Papilomavírus humano - uma elevada proporção de casos de cancro anal são positivos para

HPV.com um elevado risco de cancro do colo do útero.

2. Atividade sexual - vários parceiros sexuais são expostos a uma infeção viral.

3. O tabagismo é um fator de risco comportamental e aumenta o risco de doença. O mecanismo ainda não é claro, mas presume-se que o tabagismo suprime o sistema imunitário e prejudica a morte celular programada.

4. Lesões anais benignas.

TRATAMENTO E PREVENÇÃO:

O tratamento recomenda a utilização de fotocoagulante, um agente utilizado para tratar as lesões escamosas anais, e a cirurgia é recomendada nas fases iniciais da doença. A quimioterapia combinada com a radioterapia reduz os efeitos secundários da cirurgia, enquanto as formas metastáticas de cancro anal são difíceis de tratar como cancro anal recorrente.

Prevenção: A vacina contra o papilomavírus humano (HPV) demonstrou reduzir o número de casos de cancro anal, e a vacina Gardial para a prevenção do cancro anal em homens e mulheres com idades compreendidas entre os 9 e os 26 anos foi aprovada para reduzir o número de casos de cancro anal (Ref.:3-13-17).

INFERNO ANAL:

O sexo anal é a inserção e a introdução de um pénis ereto no ânus ou no ânus e no reto de uma pessoa com o objetivo de a satisfazer, e outras formas incluem o dedilhar, os brinquedos sexuais, o engate e o pegging.

Os participantes em relações sexuais anais correm o risco de serem infectados com doenças sexualmente transmissíveis (DST). As práticas sexuais intensas apresentam um risco elevado, uma vez que o ânus e o reto são muito sensíveis. O tecido anal do ânus e do reto é sensível e não fornece um lubrificante natural que facilite a penetração. O sexo anal continua a ser uma atividade não natural que merece castigos corporais e a pena de morte.

O fisting e o anal gaping são actividades sexuais em que uma mão é introduzida na vagina ou no reto, e o fisting pode ser realizado com ou sem um parceiro. Os riscos destas práticas anais são os seguintes Laceração e perfuração da vagina, do períneo, do reto e do cólon com lesões graves.

SODOMIA (homossexualidade):

A palavra sodomia deriva do latim pecatum Sodomiticum. ou pecado de Sodoma das cidades pecaminosas de Sodoma e Gomorra, que conta a história dos anjos e do profeta LOT que favorece o seu hóspede em detrimento das suas filhas.

Existem leis que proíbem a sodomia nas religiões judaico-cristãs e islâmicas. Em algumas religiões, o termo sodomia limita-se à violação com penetração anal. Os termos para sodomia noutras línguas são

Francês: Sodomia.

Espanhol:sodomia.

Árabe: lewat.

Persa: levat.

A palavra "sod" é utilizada como um insulto e deriva de "sodomitas", uma vez que

o termo é um insulto ao comportamento sexual.

A SODOMIA NAS RELIGIÕES DO MUNDO:

1-Cristianismo:

A interpretação tradicional vê nos actos sexuais homoeróticos o principal

pecado de Sodoma e relaciona-o com a narrativa de Sodoma, que, segundo os

versículos 27 e 28, enumera vários crimes que levam à contaminação da terra.

Porque os habitantes da terra que estavam antes de vós cometeram todas

estas anomalias, e a terra foi contaminada - caso contrário, a terra cuspir-vos-á,

porque a contaminastes, tal como cuspiu os povos que estavam antes de vós.

2-Judaismo:

Nos textos judaicos clássicos, muitos não sublinham o aspeto homossexual

da altura dos habitantes de Sodoma, mas sim a sua crueldade e falta de

hospitalidade para com os estrangeiros.

3-Fslam:

O Alcorão desaprova MUITO as práticas sexuais do povo do Profeta. A Sharia e os ensinamentos islâmicos condenam todas as actividades sexuais, exceto as relações heterossexuais entre casais casados, e a fornicação é condenada e deve ser evitada, pois é um comportamento errado e uma má atitude. Ref: 9-15.

ABUSO SEXUAL DE CRIANÇAS (Artigo da Wikipédia).

As crianças são vítimas de actividades de sexo anal e, para além da destruição e dos ferimentos que sofrem, existe um grande risco de contraírem doenças sexualmente transmissíveis. As graves consequências desta atividade são deploráveis e não há qualquer justificação que a sustente. Sinto-me confuso com este dilema atual, que desencadeia um ciclo vicioso que dificulta todos os esforços para travar e atenuar esta situação horrível. O artigo acima fornece uma definição clara da questão e das suas implicações e tentei resumir brevemente o conteúdo para que os jovens a quem me dirijo possam compreendê-lo melhor, a fim de o melhorar.

O abuso sexual de crianças ou o abuso sexual de crianças é uma forma de abuso de crianças em que um adulto usa uma criança para estimulação sexual ou alguma forma de atividade sexual para satisfazer os seus desejos ou para trazer crianças de ambos os sexos para a indústria do sexo. As consequências são depressão psicológica, stress físico, ansiedade e lesões físicas. O sexo no seio da família (incesto) é muito comum. O incesto parental continua a ser a atividade mais complicada.

De acordo com um estudo recente de 2009, os dados internacionais sobre o abuso sexual de crianças são estimados em 19,7% para as mulheres e 7,9% para os homens. A África lidera com 34,4%, a Europa com 9,2% e a América e a Ásia com 23%. Dos agressores, 30% são familiares da criança - irmãos, pais, tios e primos - mas 60% são amigos, amas ou vizinhos e 10% são desconhecidos. Os crimes cometidos por mulheres são 14-40% contra rapazes e 6% contra raparigas. A maioria dos infractores são pedófilos. Até à data, muitas leis condenam esta atividade e consideram-na um ato criminoso e imoral.

Os efeitos psicológicos desta atividade podem levar à depressão, ansiedade, baixa autoestima, sintomas de abstinência e perturbações do sono. As vítimas podem abandonar a escola e todas as actividades com ela relacionadas, tornando-se cruéis e hiperactivas, havendo o risco de gravidez e de possíveis lesões autoprovocadas.

Um estudo realizado nos EUA com mais de 14.000 mulheres adultas concluiu que o abuso sexual na infância está associado a uma maior probabilidade de dependência de drogas e álcool e a perturbações psiquiátricas. Um efeito negativo a longo prazo é a vitimização repetida ou adicional na adolescência e na infância. Existe uma ligação entre o abuso sexual de crianças e a criminalidade, o suicídio, o alcoolismo e a toxicodependência. As mulheres com um historial de abuso sexual de crianças têm mais problemas emocionais e comportamentais.

O padrão caraterístico dos sintomas não é conhecido e o assunto permanece hipotético. Verifica-se que 51% a 79% das crianças vítimas de abuso sexual apresentam sintomas psicológicos e o risco é maior quando as actividades são apoiadas por familiares e coerção. A extensão do dano é grande e o estatuto social agrava o problema.

O abuso de crianças na primeira infância caracteriza-se por um elevado grau de sintomas dissociativos, incluindo amnésia para as memórias de abuso, se várias penetrações e perpetrações tiverem ocorrido durante um período de mais de um ano. As crianças maltratadas podem desenvolver perturbações da personalidade borderline e perturbações alimentares.

Martin e Fleming referem que, na maioria dos casos, a hipótese é que os danos subjacentes causados pelo abuso sexual de crianças se devem ao desenvolvimento das suas capacidades de confiança, intimidade, agência e sexualidade. A maioria das perturbações mentais na idade adulta está associada a uma história de abuso sexual de crianças.

Na avaliação do abuso sexual de crianças, devem ser consideradas variáveis como a pobreza e o stress físico. O abuso sexual de crianças pode provocar cortes e hemorragias, dependendo da idade e do tamanho do agressor e da sua presa.

Pode ocorrer a rutura do canal anal e lesões nos órgãos genitais, o que pode levar à morte.

O abuso sexual de crianças é propenso a infecções, especialmente doenças sexualmente transmissíveis, que são mencionadas neste documento. O canal anal não tem secreções que favoreçam a penetração e existe a possibilidade de proctite (gonocócica). Também é referido que o abuso sexual grave e brutal pode levar a alterações notáveis na função e no desenvolvimento do cérebro.

É uma pena admitir que a maioria dos agressores sexuais de crianças são sobretudo os seus familiares próximos? No entanto, existe um laço social e uma relação entre o agressor e a sua vítima. A incidência do incesto é dramaticamente elevada e bem documentada pela pornografia (pai e filha) e as relações mais relatadas são: Pai\Filha- Padrasto\Filha- Mãe\Madrasta- Irmão\Irmã. E os irmãos estão mais frequentemente envolvidos em sexo incesto.

Os tipos de sexo incesto são:

1. Agressão sexual: Um adulto que toca numa pessoa mais jovem para gratificação sexual - violação e penetração sexual - e os EUA definem a agressão sexual como qualquer contacto com penetração no corpo de um menor, por mais ligeiro que seja, se o contacto for para gratificação do menor.

2. Exploração sexual: Um adulto vitimiza um menor para fins de exploração sexual - prostituição de uma criança e produção ou tráfico de pornografia infantil.

3. Aliciamento sexual: comportamento social de um agressor que persuade um menor a aceitar os seus avanços (sala de conversação em linha).

As crianças precisam de respostas de apoio e de recursos para reduzir o stress depois de saberem do abuso sexual. Para reduzir o impacto nas crianças vítimas de abuso, é necessário o apoio dos pais para tranquilizar a criança.

O tratamento depende dos seguintes factores

* Idade no momento da penetração.

* Circunstâncias de entrada para tratamento

* Doenças comórbidas.

Os três modelos de terapia incluem

* Terapia familiar

* Terapia de grupo

* Terapia individual.

A criança vítima de abuso passa por uma (síndrome de acomodação do abuso sexual infantil) com os sintomas de ocultação - desamparo - aprisionamento - acomodação - revelação e refutação atrasadas e carregadas de conflito.

Os agressores são provavelmente familiares e uma elevada percentagem de jovens agressores sexuais era conhecida das vítimas. O número de agressores do sexo masculino é superior ao número de agressores do sexo feminino e são conhecidos dois tipos de agressores

1.   Pessoa situacional que não gosta de crianças, mas que as ofende em determinadas condições.

2.   É dada preferência às pessoas que tenham um interesse genuíno pelas crianças.

Factores aleatórios:

Os factores de oportunidade dos agressores sexuais de crianças não são conhecidos e a existência de um ciclo vicioso de abuso sexual ainda não foi estabelecida. O termo pedofilia refere-se a um sentimento persistente de atração de um adulto ou adolescente mais velho por crianças pré-púberes. Uma pessoa com esta atitude é designada por pedófilo. O termo é utilizado na lei para designar as pessoas acusadas ou condenadas por abuso sexual de crianças. O abuso sexual de criança contra criança refere-se a actos sexuais entre crianças que ocorrem sem consentimento

A prevalência do abuso sexual de crianças em África é alimentada pelo mito da purificação das virgens, segundo o qual as relações sexuais com uma virgem curam um homem do VIH/SIDA. Alguns países são acusados de uma elevada taxa de abuso sexual de crianças.

MAPA DO ABUSO SEXUAL DE CRIANÇAS:

Os crimes sexuais envolvendo crianças estão a aumentar e o mapa seguinte reflecte

a dimensão do abuso de crianças:-

- Casos católicos de abuso sexual.

- Erotismo infantil.

- Sistemas de controlo da exploração de crianças

- Pornografia infantil

- Proteção das crianças.

- Turismo sexual com abuso de crianças

- Exploração sexual comercial de crianças

- Falsa acusação de abuso sexual de crianças

- Abuso institucional

- Predador online

- Prostituição de crianças

- Protesto

- Assédio e abuso sexual de alunos por parte de professores.

A criança faz inicialmente parte da curva de crescimento humano e esta fase de aprendizagem deve ser encarada com grande preocupação tanto pela família como pela comunidade e os maus-tratos infantis continuam a ser uma responsabilidade da sociedade, devendo ser feitos esforços para atenuar o quadro atual.

SEXO ORAL:(o ser humano é um tubo fisiológico com uma entrada e uma saída para facilitar as funções de metabolismo nutricional e assimilação... mas a pornografia constrói novas funções.

O termo ass-to-mouth é frequentemente utilizado em filmes pornográficos e significa que o pénis do homem é puxado para fora do ânus da parceira recetora e depois inserido diretamente na boca. A limpeza do pénis é normalmente excluída depois de o retirar ou mesmo de o introduzir na boca, invertendo-se assim as funções do aparelho digestivo, ou o pénis é introduzido na vagina (arse-to-pussy).

RISCO: A boca é a entrada da comida e da bebida humana e é mantida húmida por muco e saliva para cumprir as suas funções. Com o início do sexo oral, assume um novo papel. A cavidade oral continua a ser uma espécie de ecossistema com interações complexas com microorganismos e com o ambiente oral. A cavidade oral é capaz de albergar muitas bactérias devido aos seus nichos. Foi confirmado que 20 espécies de microrganismos foram isoladas da cavidade oral, por exemplo,

Staphylococcus, Streptococcus, Diphtheroides, Lactobacillus e Spirochetes.

Há uma perturbação do trato gastrointestinal devido à introdução da flora fecal do reto na boca, com a possibilidade de transmissão de muitas doenças. A indústria pornográfica utiliza enemas para esvaziar o reto antes das filmagens. A limpeza da região anal não reduz o risco de doenças, mas é possível contrair sífilis, gonorreia e gastroenterite gonocócica.

Corpreofilia: ou escatofilia

É uma parafilia que envolve o prazer sexual com fezes. Trata-se de uma fantasia e assume-se que não existe qualquer relação entre a corofilia e o sadomasoquismo.

Parafilia: forte excitação sexual por objectos, situações, pessoas, etc., muito atípicos. Algumas leis consideram-no ilegal?

O CARTÃO DO AMOR:

Foi desenvolvido por John Money para discutir a razão pela qual as pessoas gostam do que gostam a nível sexual e erótico.

- A palavra "cartão de amor" foi utilizada pela primeira vez em 1980 (ligação de casal e limerência).

- O mapa do amor contém informações sobre pornografia, físico, etnia, cor da pele, temperamento e tipo de amante ideal.

- Money utiliza este modelo para analisar uma vasta gama de preferências e comportamentos sexuais

- Heterossexual: Pessoas do sexo oposto.

- Homossexual: pessoas do mesmo sexo.

- Vandalizado: Pedofilia - Incesto.

- Parafílico: prazer associado a fantasias sobre práticas proibidas ou desaprovadas.

- Nativo: análogo às línguas nativas.

- Zoofilia: excitação sexual ou erótica envolvendo animais;Ref;12.

COTAÇÃO

Gostaria de agradecer ao Prof. Osman Mansur e ao Dr. Mohamed Medani El-tayeb, os editores deste documento, pela revisão do projeto final e pelo contacto com o editor. Ao Dr. Mirghani Gamer, Diretor do Departamento de Recursos Animais do Ministério da Agricultura, Riqueza Animal e Irrigação do Estado do Nilo Branco, pela impressão e fotocópia do texto.

A contribuição da minha família é encorajadora.

Muitos colegas apoiaram este trabalho, mas os meus familiares próximos estão muito longe da realidade.

Dr. Mohamed Ali Elnur.

BVSc Universidade de Cartum.

DVSM Universidade de Edimburgo.

Universidade de Al-Imam Elmahdi.

Faculdade de Medicina e Ciências da Saúde.

Departamento de Microbiologia.

Kosti 28\sept.2O13.

REFERÊNCIAS:

1 . Browne- Ray B (1982) Objectos de devoção especial : fetiches e fetichismo na cultura popular.pp. 35-36.

2 . Carco T.M.- Sellon D.W. (1990). Os benefícios reprodutivos da gordura nas mulheres. Etiologia e Sociologia (5) 1-66.

3 . Guia pormenorizado: Cancro anal: As estatísticas mais importantes sobre o cancro anal (2008).

4 . Davis RJ (2006) -Haemorroids- clinical evidence (15) 711-24 PMID 16973032.

5\a. [th]Edward Alcamo- Fundamentals of Microbiology- 6 edition- Janes and Barrett publishers S292-302.

5\b.David Greenwood- R.Slack-J.Peutherer- Medical Microbiology.

6 Geypons B- Claus D. O impacto da suplementação de fontes de metionina na dieta sobre a concentração de compostos voláteis nos excrementos dos frangos de carne. Poultry Science 83(6).901-10 PMID 15206616.

7 Heller JL (2009) - Fezes com sangue ou alcatrão\ Instituto Nacional de Saúde.

8 .hiele- M] Ghoose Y\Rutgeerts: Influência dos substratos alimentares na

formação de voláteis pela flora fecal. Gastroenterology 100(6):1597-602 PMID2019366.

9 Jewett, Paul, Shuster, Marguerite (1996) Who we are: A nossa dignidade como seres humanos - uma teologia neo-evangélica.

10 Kaider-Person-o-Person-B Wexner SD(2007) Doença da hemorroida: uma revisão abrangente. Jornal do Colégio Americano de Cirurgiões 204(1):102-17 PMID171189119.

11 Lagares- Gaecia JA- Nogueras (2002) Anal stenosis and mucosal ectropion- the surgical clinics of North America.82 (6) 1225-31- vii PMID12516850.

12 Money John (1986): Love map- clinical concept of sexual erotic health and pathology- paraphilia and sex transference in childhood- adolescence and maturity. New York Prometheus Book:ISBN o-8290-1589-2.

13 Natia Esiashvili- Jerome Landry- Richard M Matthews (2007). Gestão do carcinoma do ânus. Rede Americana de Saúde (2008).

14 .0tto-ER. (2003) Odour nuisance from ammonia, volatile fatty acids and phenols in the manure of growing pigs fed a protein-reduced diet. Journal of Animal Science 81(7): 1754-(63 PMID12854812.

15 .0xford English Dictionary - Abreviatura de SODOMITES.

16 .0mer- A- Wenger FA. Estenose anal: distúrbios de continência após cirurgia anal um problema relevante\ International journal of colorectal diseases 23(11): 1023- 31PMID 18629515.

17 Parkin DM (2006) The global health burden of infection-related cancer in 2002. int. j. cancer 118(12)3030=44 doi 10.1002iic21731...

18 Robert III- Thomas- Winfield- Adam B(2006) Universal and Ethnicity of beautiful Buttocks- Clinics in Plastic Surgery 33(3): 371-394.

19 Resse GE von Roon AC: Haemorrhoids clinical evidence (2009)PMID19445175.

20.Sunnel: Anatomia clínica para estudantes de medicina.S334-377. 21Singleton- Alena J (2005) História cultural das nádegas- Victoria Cultural Encyclopedia of the body. ABC-CLIO\ Greenland ISBN 978-0-313- 34145-8.

20 Slede - Joseph W. (2001) Pornography and sexual representation: a reference guide - Greenwood Press, pp. 404-505

23 Tangeman (2009) medições e significado biológico do composto de enxofre volátil sulfureto de hidrogénio em matérias biológicas 3366-77 PMID 19505855.

24 Zelork- Victoria (2004) a anatomia do prazer

25 Norman William: O ânus e o canal anal.

Índice

yes
I want morebooks!

Buy your books fast and straightforward online - at one of world's fastest growing online book stores! Environmentally sound due to Print-on-Demand technologies.

Buy your books online at
www.morebooks.shop

Compre os seus livros mais rápido e diretamente na internet, em uma das livrarias on-line com o maior crescimento no mundo! Produção que protege o meio ambiente através das tecnologias de impressão sob demanda.

Compre os seus livros on-line em
www.morebooks.shop

Printed by Books on Demand GmbH, Norderstedt / Germany